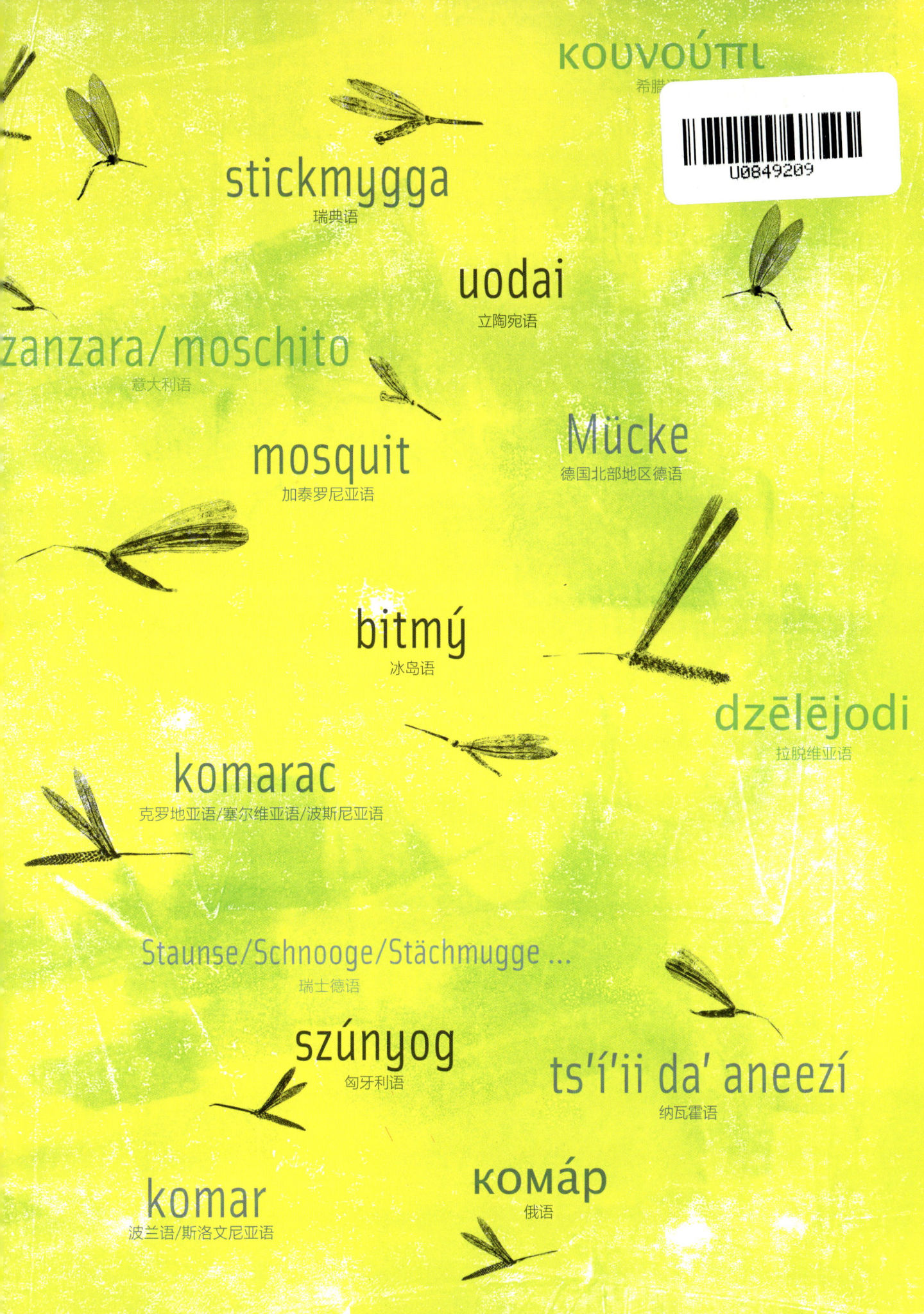

海蒂·特尔帕克

1973年出生于奥地利维也纳。幼儿教育家,行为教育家,儿童健康教练,并从事儿童早期音乐教育工作。2014年凭借处女作《蚊子戈尔达》荣获德国青少年文学奖科普绘本大奖。

劳拉·莫莫·奥弗德哈尔

曾在德国柏林应用科学大学学习传播设计以及插画专业。她是一名自由平面设计师和插画家,与家人住在柏林。

蚊子戈尔达
WENZI GE ER DA

Text by Heidi Trpak
Illustration by Laura Momo Aufderhaar
Originally published in German under the title:
Gerda Gelse. Allgemeine Weisheiten über Stechmücken
© 2013 Tyrolia-Verlag, Innsbruck-Vienna
Simplified Chinese translation copyright © 2025 by Shanghai Educational Publishing House
All RIGHTS RESERVED

本书中文简体字版权通过版权代理人高湔梅获得
本书中文简体字翻译版由上海教育出版社出版
版权所有,盗版必究

上海市版权局著作权合同登记号 图字09-2025-0033号

图书在版编目(CIP)数据

蚊子戈尔达 /(奥)海蒂·特尔帕克文;(德)劳拉·莫莫·奥弗德哈尔图;沈琳嫣译. -- 上海:上海教育出版社, 2025.6. -- (公共卫生科普绘本). -- ISBN 978-7-5720-3555-5
I . Q969.44-49
中国国家版本馆CIP数据核字第2025R4W334号

公共卫生科普绘本
蚊子戈尔达

作 者	[奥地利]海蒂·特尔帕克 文 [德]劳拉·莫莫·奥弗德哈尔 图	印 刷	上海盛通时代印刷有限公司
译 者	沈琳嫣	开 本	889×1194 1/16
责任编辑	钦一敏	印 张	2
美术编辑	王慧	版 次	2025年6月第1版
出版发行	上海教育出版社有限公司	印 次	2025年6月第1次印刷
地 址	上海市闵行区号景路159弄C座	书 号	ISBN 978-7-5720-3555-5/G.3178
邮 编	201101	定 价	45.00元

如发现质量问题,读者可向本社调换 电话:021-64373213

蚊子戈尔达

关于蚊子的隐秘知识

[奥地利]海蒂·特尔帕克 文
[德]劳拉·莫莫·奥弗德哈尔 图
沈琳嫣 译

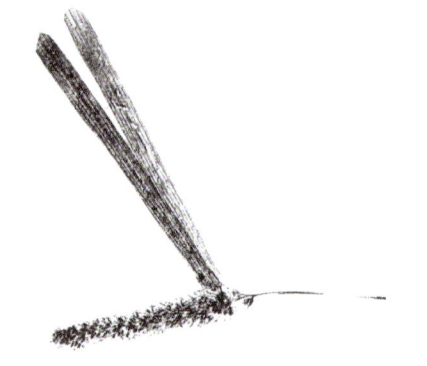

注释1　蚊子(蚊科)属于昆虫纲,经常出现在水源附近。潮湿的环境对它们尤其重要。

你好，我的名字是蚊子戈尔达！

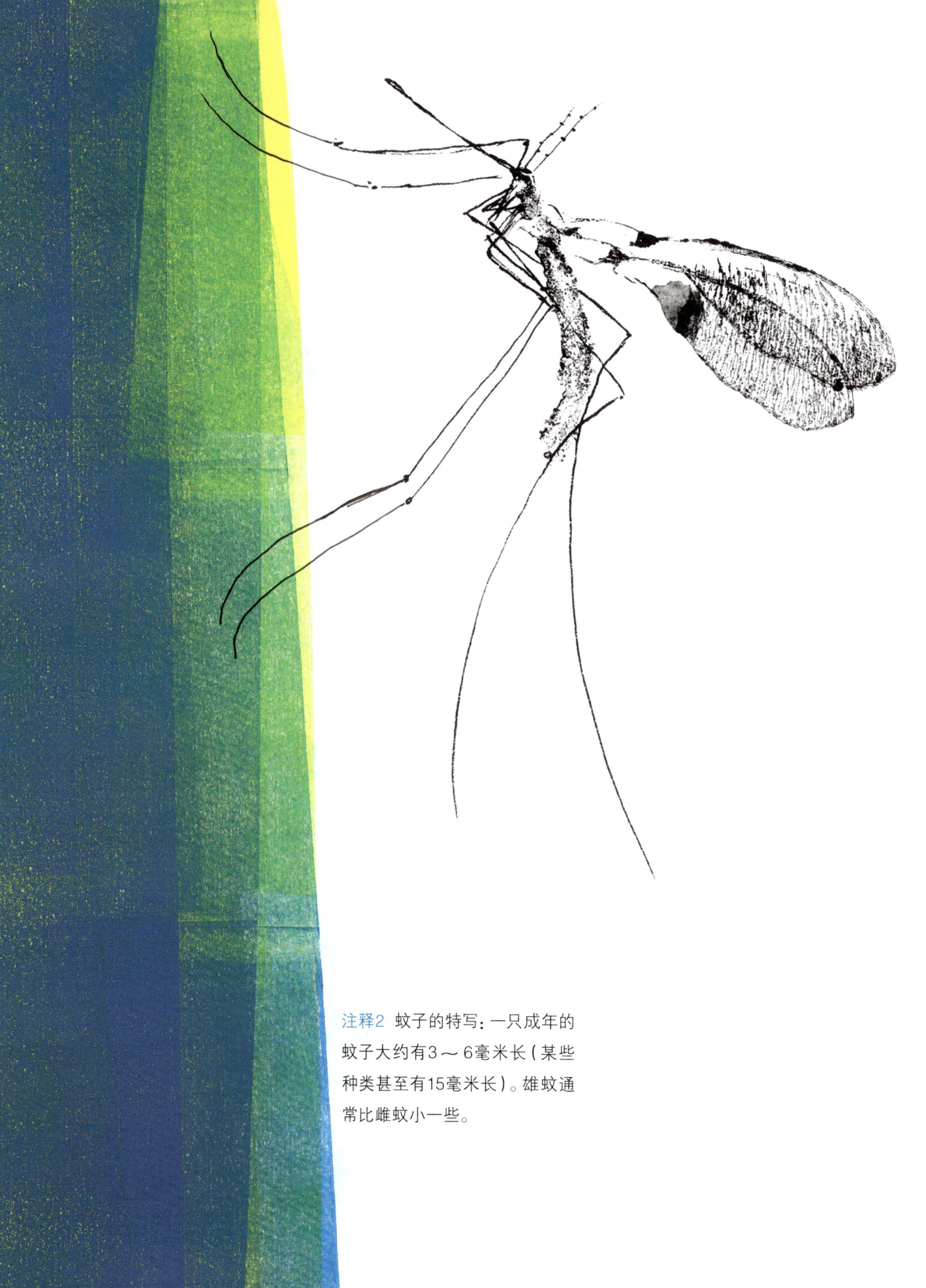

注释2 蚊子的特写：一只成年的蚊子大约有3～6毫米长（某些种类甚至有15毫米长）。雄蚊通常比雌蚊小一些。

虽然8天前我才破卵而出，但我已经是个大人了！和你们人类不同，我们蚊子的寿命只有3~8个星期。

要不要让我来描述一下自己呢？
我有两片透明而精细的翅膀，
漂亮的毛茸茸的触角，还有一根细长的吸血用的口器。
我的身体很纤细，表面有小绒毛，
我还有6条长长的腿呢。

我只有2毫克重，大概和你们人类4根头发的重量差不多。

当我飞舞时，我的翅膀会发出一种很好听的"嗡嗡"声。你们一定知道我唱的"歌曲"吧？一旦你们把灯关了，我就喜欢给你们唱"摇篮曲"，帮助你们入睡。你们总是冲我美美地挥手，直到我找到一个适合吸血的好地方。等到你们睡着的时候……

别以为我们都会**吸你们的血**!
只有**雌蚊**需要这些血液来产卵。

我们也会以美味的花蜜为食——可以说,我们几乎是**素食主义者**呢!

注释3 只有雌蚊会吸血,雄蚊只靠植物汁液维生。

我最喜欢温暖且没有风的地方。

此外,我总是喜欢有云的天气,因为太多的阳光对我不利。

如果风雨交加或者寒风刺骨,我会找一个舒服的地方躲起来。

我尤其喜欢傍晚时分。

那时,我会和许多蚊子朋友一起在水面上跳舞。

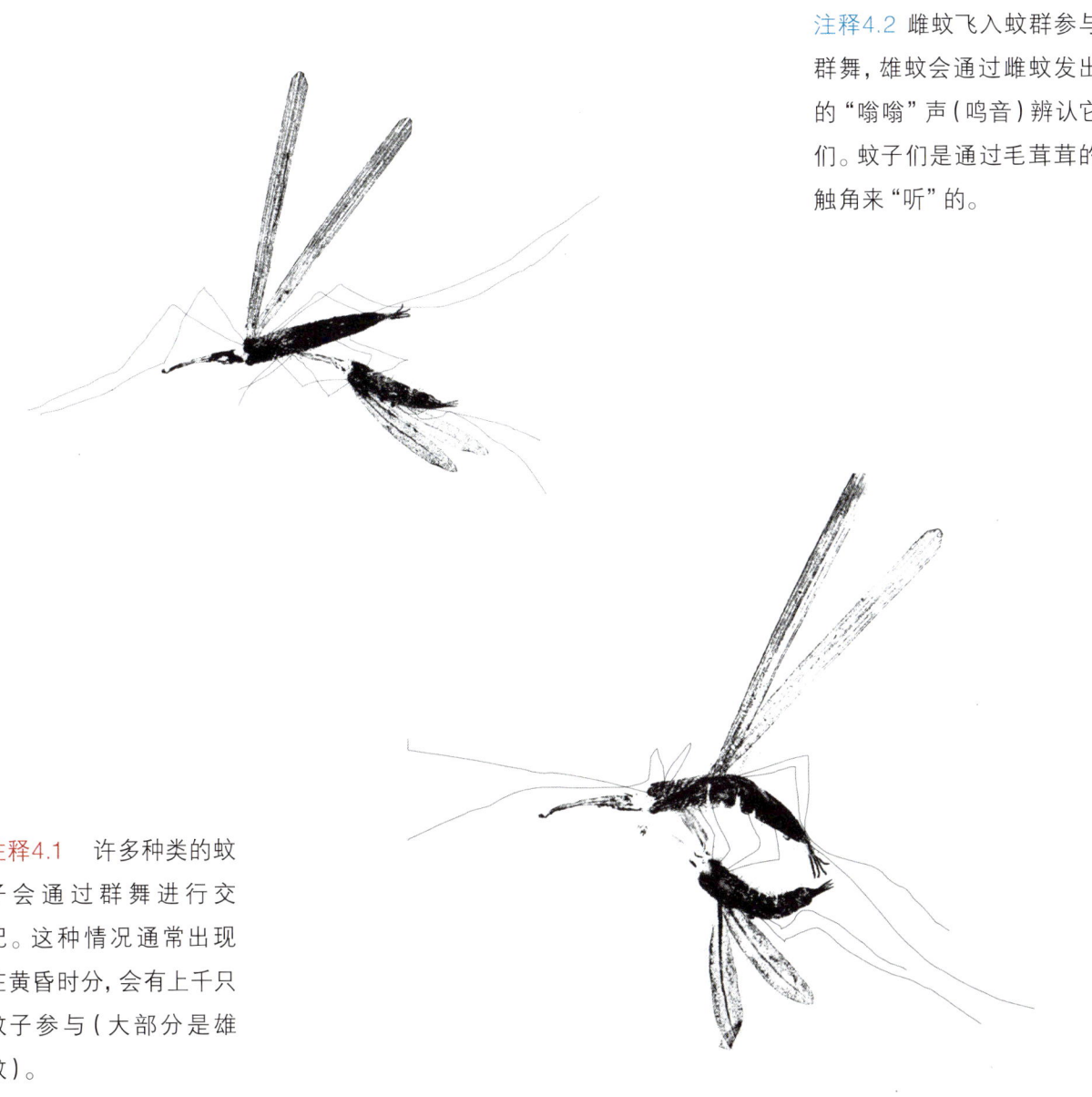

注释4.2 雌蚊飞入蚊群参与群舞,雄蚊会通过雌蚊发出的"嗡嗡"声(鸣音)辨认它们。蚊子们是通过毛茸茸的触角来"听"的。

注释4.1 许多种类的蚊子会通过群舞进行交配。这种情况通常出现在黄昏时分,会有上千只蚊子参与(大部分是雄蚊)。

注释5.1 只有雌蚊吸血，因此也只有它们才有刺吸式口器。

为了让我的卵生长，我需要血液。因此，我会去寻找一个香喷喷的人。幸运的是，你们在夏天总是穿特别短的衣服，这样我就更容易找到你们的皮肤。

我会找一个合适的地方，然后小心翼翼地用我的嘴巴（口器）刺探。虽然我不是大象，但我有一个长长的口器，一个用于叮咬和吸血的口器。

我的动作尽量轻柔，这样你们就不会察觉。

如果你们还是觉得痒，那我真的很抱歉。

注释5.2 蚊子主要通过气味和体温来找到叮咬目标。当它们叮咬时,会向皮肤伤口分泌唾液来稀释血液,这样更容易吸食血液。雌蚊一次最多可以吸入相当于自身三倍体重的血液。

我的嘴巴（刺吸式口器）非常特别。它很 细小，你们几乎看不见它，但它由许多独立的部分组成，被称为"刺针"。

就像你们人类一样，我也有 上唇和下唇、上颚和下颚。但是，我没有牙齿。

我有一个 咽管，我可以用它来吸食物。

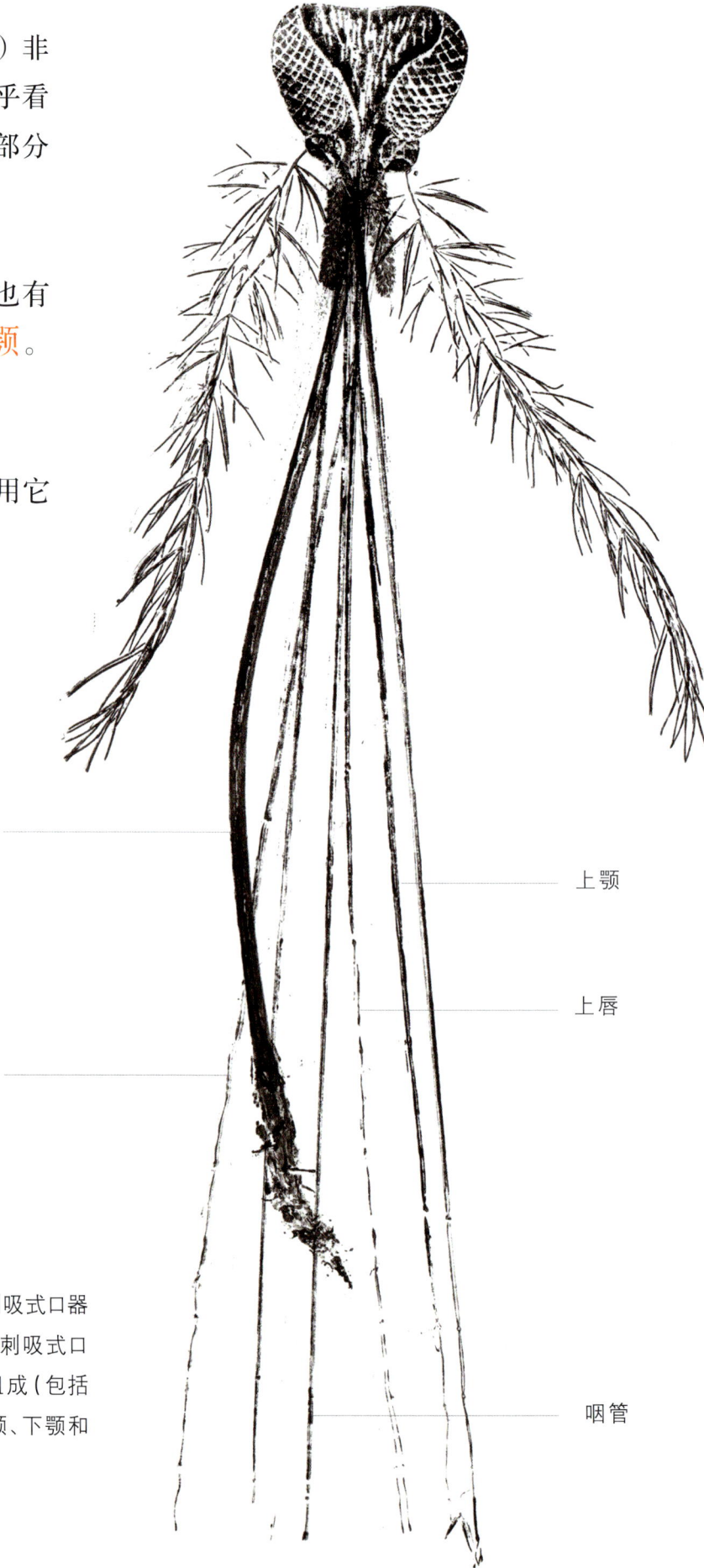

注释6.1 蚊子刺吸式口器示意图：雌蚊的刺吸式口器由一束刺针组成（包括上唇、下唇、上颚、下颚和咽管等）。

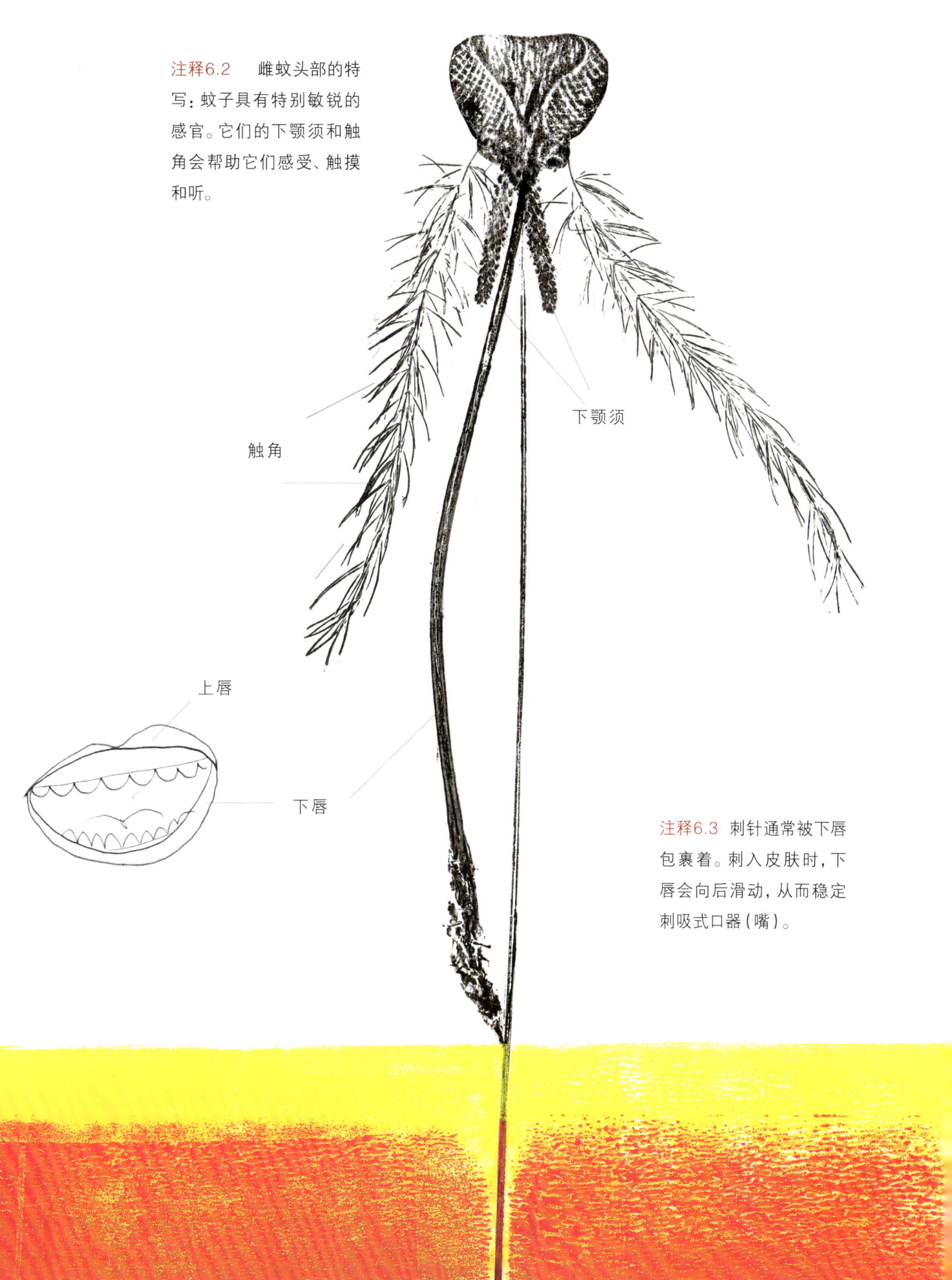

注释6.2 雌蚊头部的特写：蚊子具有特别敏锐的感官。它们的下颚须和触角会帮助它们感受、触摸和听。

下颚须

触角

上唇

下唇

注释6.3 刺针通常被下唇包裹着。刺入皮肤时，下唇会向后滑动，从而稳定刺吸式口器（嘴）。

注释7.1 水面上呈星状聚集的卵：某些蚊虫（例如按蚊）的卵会一个一个地排出。随后这些卵会因水流的作用聚集成星形或网状。

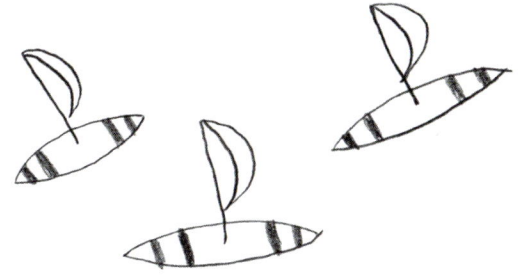

注释7.2 其他种类的蚊虫（例如库蚊）会直接以卵块的形式产卵，这些卵块被称为"小船"。

借助你们的血液，我的卵发育成熟了，可以产卵了。我最喜欢选择小水塘或是装满雨水的桶。

水中的鱼越少，对我的卵就越有利呢！

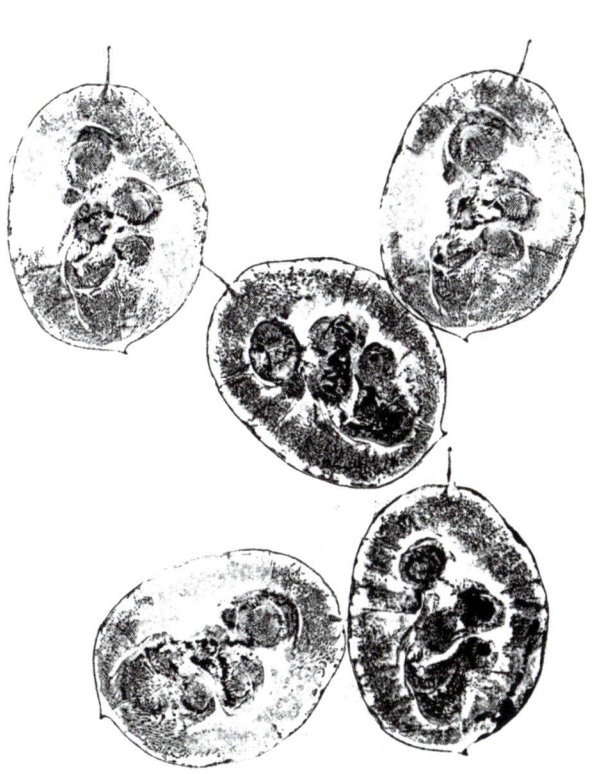

注释7.3 伊蚊卵的特写：伊蚊不需要在水域中产卵。它们会将卵一个个产在河边干涸的土壤中。春天到来，干涸的土壤被河水湿润，这些卵就可以发育成幼虫。

卵会在1～3天后孵化成幼虫（孑孓）。
它们生活在水中，但需要呼吸空气。

它们的样子看起来可有趣了，因为它们倒挂在水中，头朝下。

它们的尾部有一根长长的管子，就像吸管一样伸出水面。通过这根管子，它们就可以呼吸了。

遇到危险时，它们会迅速下潜并藏在水中！
它们以藻类和浮游动物等为食，并迅速长大。

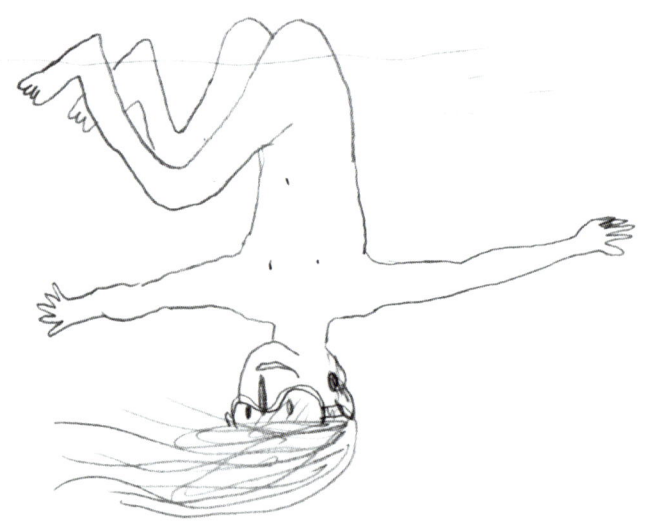

注释8　1升水可以容纳数百只蚊子幼虫（孑孓）。它们借助自己的毛束在水中灵活地移动。

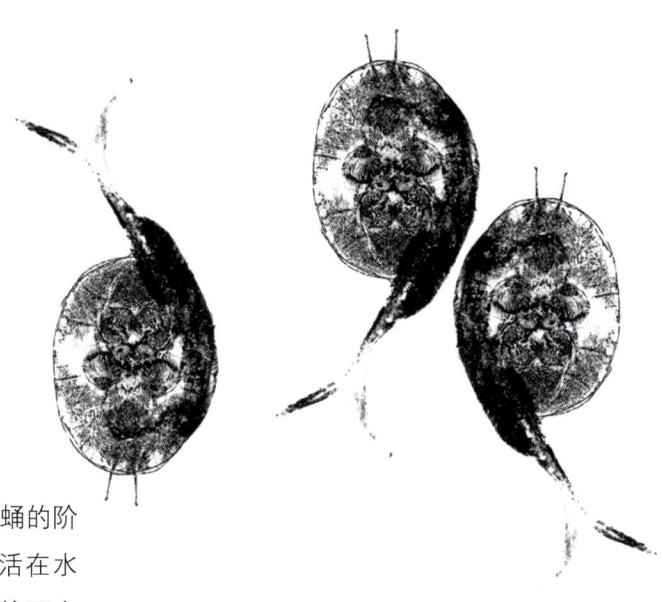

注释9.1 蚊蛹:在蛹的阶段,蚊子会继续生活在水中。它们通过胸部的两个小角状结构呼吸。

幼虫必须蜕皮四次,每次蜕皮后都会长大一点。之后,它们就会变成**蛹**。此时,它们需要保持安静,也不再进食。但这不会持续太久,几天后,它们就会破蛹而出。它们特别聪明,只需几个小时就能学会飞行,然后立即**展翅高飞**!

42千米/时
麻雀

6千米/时
黄蜂

8千米/时
蝴蝶

2.5千米/时
蚊子

注释9.2 蚊子的羽化过程：羽化时，蚊子的蛹水平伸展在水面上。蛹壳裂开后，成年蚊子便破蛹而出。

注释10 蚊子是食物链中重要的一环。

现在我的孩子们必须小心,因为有很多动物把我们蚊子当作**美味佳肴**。鸟类、蜻蜓、青蛙、蜘蛛……都很喜欢吃我们。

我们有许多不同的种类。但由于属于同一个科，我们看上去非常相似。

可惜你们人类的眼睛不太好。要想仔细观察我们，你们得用显微镜。这样你们才能看到我的翅膀有多美丽，我的长腿有多优雅。

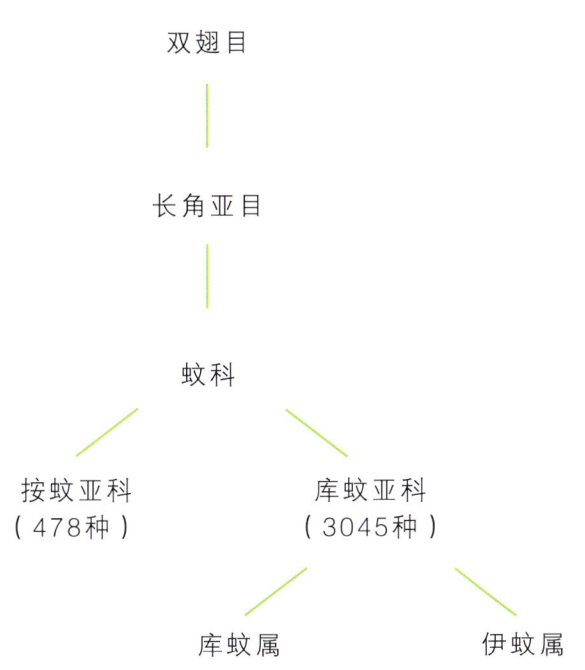

生物分类法
纲： 昆虫纲
亚纲： 有翅亚纲
总目： 新翅下纲
目： 双翅目
亚目： 长角亚目
科： 蚊科
亚科： 按蚊亚科，478种；库蚊亚科，3045种
在库蚊亚科中，包括伊蚊属和库蚊属等

注释11 世界上大约有3000种不同的蚊子。在欧州中部，主要有家蚊（库蚊）、森林中的蚊子（伊蚊）和传播疟疾的蚊子（按蚊）。

我们是**与众不同**的！我们已经在地球上存在了好多好多年，甚至认识**恐龙**。

我们遍布全球，除了**沙漠**、**南极**和**北极**，因为我们既受不了炎热，也不能忍受寒冷。

因为我们几乎无处不在，世界上的各种语言里都有我们的名字——有时在同一种语言中还会有不同的称呼。例如，在奥地利，有人叫我们"盖尔泽"（Gelsen）；在瑞士的部分地区，我们被称为"斯道森"（Staunsen）；在德国南部，人们叫我们"史那肯"（Schnaken），而在德国北部，我们被称为"穆克"（Mücken）。

不管你们怎么称呼我们，我们都无所谓。
因为你们人类和我们是最佳拍档！
我爱你们所有人！

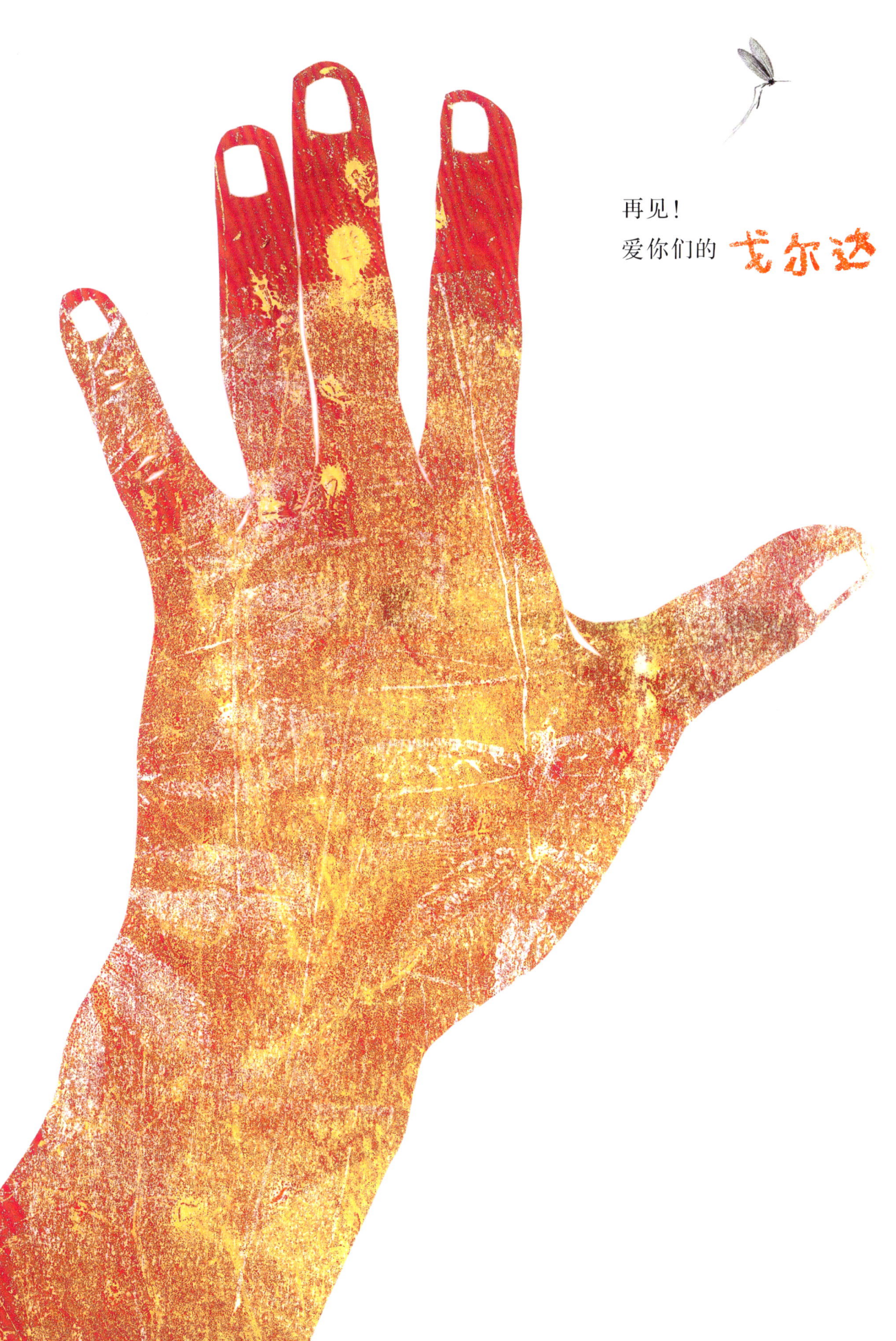

再见!
爱你们的 **戈尔达**